02

우주

02
우주

블랙홀은 선을 넘지 않아

이지유의
이 지

EASY
SCIENCE

사이언스

글·그림 **이지유**

창비

과학을 가지고 놀자!

2016년 12월 31일 오후 2시, 나는 무주 산골짜기에서 스키를 타다 넘어졌다. 그 결과 오른쪽 손목 부근 경골이 부러졌는데, 골다공증의 가능성이 큰 나이인 것을 감안한다면 그리 놀랄 일은 아니다. 완벽한 오른손잡이였던 나는 정말이지 아무 일도 할 수 없었지만 잠시도 가만히 있질 못하는 성격이라 팬이 보내준 펜을 꺼내 왼손으로 그림을 그렸다.

마침 2017년이 닭의 해였기에 닭을 그리려 애는 썼으나 부리와 벼슬 뭐 하나 제대로 표현할 수 없었다. 그럴듯하게 보이려고 꼼수로 닭의 꼬리를 무지개색으로 그렸지만, 사실 '그렸다'기보다는 '그었다'는 편이 옳겠다. 그 그림을 SNS에 올렸다.

놀라운 일은 그다음에 벌어졌다. 정말 신기하게도 친구들은 닭을 알아보았다. 그들의 뇌는 자기 뇌 속 빅 데이터를 분석해 내가 닭을 표현하려고 애를 썼다는 사실을 정확하게 맞힌 것이다. 게다가 "닭 꼬리를 무지개색으로 표현하다니 창의적이야!" "그림의 느낌이 좋다." 등 내가 의도하지 않은 예술성까지 발견해 준 것은 물론이고 "네가 그동안 그린 어떤 그림보다 낫다."라는 다소 인정하기 힘든 평까지 올렸다. 나 원 참!

아무튼 재미난 놀잇감이 생겼다. '왼손 그림'은 어떤 대상에 대한 최소한의 정보와 SNS 친구들의 뇌 사이에 벌어지는 흥미로운 게임이었다. 과학 논픽션 작가인 내가 품고 있는 숙제 가운데 하나는, 독자들이 과학을 좀 우습게 보도록 만드는 것이다. 내 왼손과 독자들의 뇌를 잘 이용하면 이와 같은 일을 할 수 있을 것 같았다.

나는 아침마다 시간과 공을 들여 국내외 과학계의 동향을 살피고 지식과 정보를 업데이트하며 거기에 언급된 논문을 읽는 것은 물론이고 필요하다면 기초적인 공부도 다시 한다. 아침 공부 시간에 딱 떠오르는 무엇인가를 왼손으로 그리고 그 아래에 유머를 담은 글을 한 줄 보태면 어디에도 없는 훌륭한 '과학 왼손 그림'이 되지 않을까? 그래서 날마다 왼손 그림을 그려 SNS 친구들과 공유했다. 인기는 폭발적이었고 처음 그린 50여 점의 그림을 묶어서 『펭귄도 사실은 롱다리다!』(웃는돌고래 2017)라는 책으로 만들었다. 이 책이 자신이 끝까지 읽은 첫 과학책이라는 중학생의 팬레터를 심심치 않게 받는다.

'이지유의 이지 사이언스' 시리즈가 추구하는 목적은 간단하다. 청소년이나 성인들에게 '과학 지식과 과학 방법은 넘어야 할 산이 아니라 그냥 가지고 놀 수 있는 대상'이라는 점을 알아채도록 만드는 것이다. 지구에서 달까지의 거리가 38만 킬로미터라는 사실을 과학 지식으로 알고 있는 사람은 그것을 재는 과학 기술과 그로부터 달까지의 거리를 유추하는 과학적인 방법에 대해 모른다 할지라도, 38만 킬로미터라는 지식으로부터 다양한 생각과 상상을 이끌어 낼 수 있다. 이 시리즈와 함께 과학 지식을 바탕으로 다양한 생각의 가지를 뻗어 나가길 바란다.

자, 그럼 왼손 그림과 게임을 시작해 보자!

2020년 3월
이지유

우주는 어떻게 생겨났을까? 2020년 현재 과학자들에게 가장 인기 있는 건 빅뱅 모형이다. 이 이론에 의하면 우주는 한 점에 모여 있었고 138억 년 전 알 수 없는 이유로 폭발해 팽창하면서 공간을 만들어 내 오늘에 이르렀다고 한다. 과학자들은 관측한 것을 근거로 빅뱅 모형을 증명해 나가고 있다. 빅뱅 모형은 과학적이면서 신비하기도 하다. 장차 내가 될 물질과 저 하늘에 빛나는 별들이 우주의 역사 초기에는 모두 한 점에 모여 있었다니! 그러니 오늘날 우주에 있는 모든 것은 어떻게든 연결될 수밖에 없는 것이다. 그래서인가? 별의 일생과 우주에서 벌어지는 일들에 대해 공부하다 보면 인생이나 인간사와 꽤 많은 접점이 있다는 사실을 알게 된다. 물론 이것은 우주가 우리를 닮은 것이 아니라 우리가 우주를 닮은 것이다.

수많은 우연이 겹쳐 태양과 지구가 생기고 그 후에도 또 다른 우연들이 만나 여러분과 내가 이 책을 통해 연결되었다. 얼굴 한 번 본 적이 없고 이야기를 나누어 본 적도 없지만 우리는 138억 년 전 한 점이었다. 우리는 이미 잘 아는 사이인 것이다. 나는 여러분에게 인간과 우주가 어떤 방식으로 연결되어 있는지를 이야기 하고 싶다. 아마, 공감 가는 내용이 하나쯤은 있을 것이다.

3장 별의 일생

4장 신비한 것들

1장

익숙한 것들

지구 표면에 납작하게 붙어서 사는 인간들에게는 머리 위가 전부 우주다. 그러나 지구인 중 극소수에 해당하는 과학자들은 지상 100킬로미터 근처, 대기가 아주 희박해 거의 없는 것이나 다름없는 곳부터 우주라고 본다. 물론 이런 정의는 우리에게 별 의미가 없는데, 알아 봤자 그 높은 곳까지 갈 방법이 없기 때문이다.

그래도 우리는 상상이라는 것을 할 수 있기에 지구 대기권을 벗어나 태양의 중력이 영향을 미치는 곳까지 상상의 나래를 펼칠 수는 있다. 태양에 가장 가까운 행성인 수성부터 금성, 지구, 화성, 소행성대, 목성, 토성, 천왕성, 해왕성과 소행성인 명왕성을 지나 그보다 더 먼 곳에 있는 작은 바윗덩어리 또는 얼음덩어리들의 모임인 오오트 구름과 카이퍼 벨트까지 태양에서 18,300,000,000킬로미터 떨어진 곳까지를 태양계라고 한다. 이런 큰 숫자를 빨리 읽지 못하는 사람들을 위해 부연 설명을 하자면 태양에서 지구까지의 122배에 달하는 거리다.

태양계에는 스스로 빛나는 별인 태양과 태양이 주는 빛 에너지가 없으면 아무런 일도 못하는 행성, 소행성이 태양의 중력권 안에서 한 배를 탄 듯 은하계 안을 여행한다. 한 배를 탔으니 서로를 알아야 하지 않겠는가? 지금부터 태양계의 구성원에 대해 탐구해 보자.

때로는

가려야

보이는 것이

있다!

이지욱

1. 개기 일식

2017년 7월 개기 일식 장면. 태양이 가려지는 현상을 일식이라 한다. 태양, 달, 지구가 일직선상에 우연히 딱 놓이면 달이 태양을 완전히 가려 개기 일식이 일어나고, 태양의 일부만 가리면 부분 일식이 일어난다.

조그만 달이 자기보다 지름이 400배 이상 큰 태양을 삼키다니, 가만히 생각해 보면 정말 신기한 일이다. 이 신기한 일의 비밀은 바로 거리 차! 태양은 너무 멀리 있고 달은 가까이 있어 우연히 크기가 같아 보이기에 가능한 일이다. 우주적 규모의 원근법의 승리다.

개기 일식은 어디서 보느냐에 따라 길게는 3분까지 지속된다. 이때 환하던 세상은 갑자기 어두워지고, 온도도 10도 이상 내려가 으슬으슬 추워진다. 조도 센서가 달린 가로등이 켜지고 지평선에는 붉은 노을이 깔리며 새들이 동시에 날아올라 장관을 이룬다. 새들도 이 상황이 당황스러운 것이다.

개기 일식이 일어나면 그동안 강렬한 태양빛에 가려 보이지 않던 코로나가 멋진 모습을 드러낸다. 코로나는 태양 대기의 가장 바깥에 있는 엷은 가스층으로 개기 일식 때에만 맨눈으로 볼 수 있다. 천문학자들은 이 순간을 놓치지 않고 코로나를 마음껏 맨눈으로 본다. 코로나는 태양 표면보다 온도가 높은데 천문학자들은 아직도 그 원인에 대해 설왕설래하고 있다. 확실한 것 하나는 표면에 있는 흑점의 상태에 따라 코로나의 모양이 달라진다는 점이다. 그 결과 개기 일식마다 모양이 다르며 코로나 사진만 보고도 어느 해에 일어난 개기 일식인지 알 수 있다. 주변이 너무 밝아서 자신을 드러내지 못한 적이 있는가? 그럴 때는 적당히 떨어져 밝은 무엇을 가려라. 그러면 자신을 드러낼 수 있다. 물론 아주 잠깐이지만.

지구인에게

지구는

벗어날 수 없는

감옥과 같다.

2. 중력

NASA

1984년 우주왕복선 챌린저호에서 찍은 우주 비행사의 모습. 중력은 질량을 지닌 모든 물체가 행사하는 힘이고 전 우주에 가장 광범위하게 영향을 주는 힘이다. 중력이 없다면 물질이 모이지 못해 태양이 생길 수 없고 지구가 태양 둘레를 도는 일도 없었으며 우리가 지구에 발붙이고 살 수도 없다. 우주에 둥둥 떠 있는 듯 보이는 우주인은 그냥 떠 있는 것이 아니라 태양, 지구, 달 사이에 중력이 꽉 들어찬 공간 어딘가에 놓여 있는 것이다.

$$F = G \frac{m \times M}{r^2}$$

이것은 바로 중력을 F로 나타낸 중력 방정식으로, 이제부터 여러분은 인생 처음으로 저 식을 이해할 수 있다. 방정식에 나오는 분수는 비례, 반비례 관계를 나타낸다. 분자에 있으면 비례하고 분모에 있으면 반비례하는 것이다. 그러니까 저 식은, 질량이 각각 m, M인 두 물체 사이에 작용하는 중력 F는 질량이 클수록 커진다는 뜻이다. 분모에 있는 r는 두 물체 사이의 거리이고 중력과 반비례 관계다. 거리가 가까울수록 중력은 커지고 거리가 멀수록 중력은 작아진다는 뜻이다. G는 중력 상수로 질량, 거리를 중력으로 환산할 때 필요한 수다. 돈으로 치자면 환율 같은 것이다.

질량을 지닌 두 사람 사이의 중력은 두 사람의 질량에 비례하고 거리에 반비례한다. 몸집이 크고 무거운 사람들일수록 그 사이에 작용하는 중력은 커지고, 가까이 다가갈수록 커진다. 중력 값을 매력 지수로 보는 세계가 있다면 몸무게가 많이 나가는 사람일수록 아름다운 사람이 된다. 물론 만질 수도 없고 질량을 측정할 수도 없는 유령 같은 것은 중력의 영향을 받지 않는다. 그래서 유령과 친해지기 어려운 것일까?

신 나는 일

재미있는
일은

뿔리

끝난 다.

3. 유성

유성은 우주를 떠돌다 지구 대기권 안으로 들어와 빛을 내며 떨어지는 돌이다. 혜성이 지나간 자리에 지구가 다시 지나갈 때는 혜성의 부스러기들이 대기권으로 거의 동시에 진입하면서 유성이 비처럼 쏟아지는 유성우, 우리말로는 별찌비가 나타난다. 지구는 거의 정해진 경로로 태양을 돌기 때문에 유성우는 1년을 주기로 정확하게 같은 날 나타난다. 유명한 유성우로는 8월 11~12일에 나타나는 페르세우스 유성우, 11월 18일 무렵에 나타나는 사자자리 유성우가 있다.

인간들이 소원을 들어 주는 존재로 여기는 유성, 흔히 별똥별이라고도 부른다. 별똥별은 우주를 떠돌던 돌덩어리가 지구의 중력에 이끌려 지구의 대기권으로 들어온, 어찌 보면 운 없는 천체다. 거의 진공 상태나 다름없던 우주 공간을 유유히 여행하던 돌덩어리는 지구 대기에 닿는 순간 한 번도 경험하지 못한 뜨거움을 느끼게 된다. 공기와 돌이 마찰을 일으키며 불이 붙기 때문이다. 몸집이 큰 돌덩어리라면 몸속이 뒤집히는 놀라운 경험까지 하게 된다. 몸이 전부 녹아 뜨거운 액체가 된 상태에서 무거운 철은 몸속 깊은 곳에 자리 잡고, 가벼운 물질은 바깥 부분으로 밀려난다. 아, 생각만 해도 끔찍하고 괴롭다. 때로는 불길을 이기지 못하고 커다란 덩어리가 수많은 조각으로 쪼개지기도 한다. 이거야말로 뼈를 깎는 고통이다.

그런데 이 일은 아주 짧은 순간 이루어진다. 지구 표면에 다닥다닥 붙어 있는 인간들은 이 순간을 놓치지 않고 소원을 빌어야 하는데, 쉽지 않다. 뭐, 아무래도 상관없다. 지구를 향해 떨어지는 불타는 돌은 인간의 소원 따위에는 관심이 없으니 말이다. 지금 이 순간에도 지구의 중력에 이끌려 화려한 불로 우주여행을 마감하는 우주의 돌들이 있다. 그 때문에 지구의 몸무게는 알게 모르게 1년에 4만 킬로그램씩 는다. 그러니 우리의 몸무게가 알게 모르게 느는 것 또한 자연스러운 일이라 주장해 본다.

꽃이

피는 걸

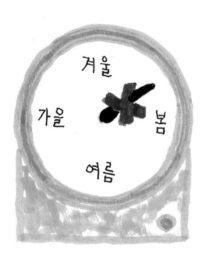

막고 싶은

사 람

4. 소행성

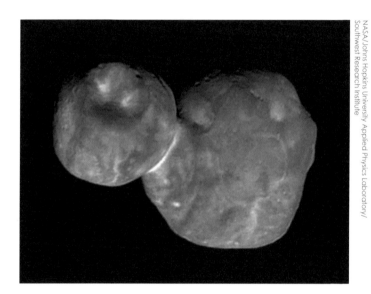

NASA/Johns Hopkins University Applied Physics Laboratory/
Southwest Research Institute

2014년 명왕성 무인 탐사선 뉴호라이즌이 발견한 울티마 툴레 소행성. 두 소행성이 붙은 접촉 소행성으로 눈사람 모양을 꼭 닮았다. 이 소행성의 길이는 35킬로미터! 태양계 내의 소행성은 대체로 화성과 목성 사이의 궤도에서 태양의 둘레를 공전한다. 소행성의 수는 무수히 많으며, 대부분이 반지름 50킬로미터 이하다.

태양계 행성의 자격을 얻으려면 자체 중력이 커서 둥근 공 모양을 잘 유지해야 하고 태양 주변을 제법 예쁜 원을 그리며 공전해야 한다. 이 기준만 잘 지킨다면 지구나 화성 같은 돌덩어리든 목성이나 토성 같은 기체 덩어리든 행성이라고 불러 준다. 그러나 이 기준을 지키는 게 말처럼 쉽지는 않다. 명왕성의 경우 공전 궤도가 매우 긴 타원이라 때때로 해왕성의 궤도를 넘어 가는 등 예쁜 원을 그리지 않아 행성의 지위를 박탈당했다. 태양계에는 행성의 자격 요건을 갖추지 못한 소행성의 수가 압도적으로 많다.

지구인의 입장에서 탄소가 많은 소행성은 공포의 대상이다. 이들은 너무 새까맣기 때문에 잘 보이지 않아 슬그머니 지구 가까이 와도 알 수가 없다. 지름이 10킬로미터 이상인 소행성이 지구와 충돌하기라도 하면 인간은 물론 지구상에 사는 거의 모든 생물이 멸종 위기를 맞는다. 6,500만 년 전 공룡들이 멸종한 이유도 멕시코 유카탄 반도에 떨어진 지름 15킬로미터의 소행성 때문이었다. 이 정도 크기의 불덩어리가 지구와 충돌하면 반경 100킬로미터가 넘는 분화구가 생기고 파편이 하늘로 날아올랐다 다시 떨어지면서 훨씬 넓은 지역이 불바다가 된다. 작은 재는 바람을 타고 지구 전체에 퍼져 수년 동안 햇빛을 가려 식물을 죽게 한다. 그 과정에서 타 죽지 않은 생물은 굶어 죽는다. 그래서 지구인들은 오늘도 눈에 불을 밝히고 지구 근처를 지나가는 소행성이 있는지 열심히 지켜보고 있다. 물론 가까이 온 걸 알았을 때는 이미 늦겠지만!

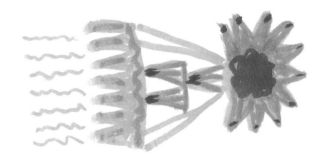

1066년

혜성계의

1682년

아이콘

1758년 말
~1759년 초

톱스타

1835년

할리혜성

5. 혜성

NASA/W. Liller

그 유명한 핼리 혜성의 1986년 모습. 에드먼드 핼리가 발견한 이 혜성은 76년에 한 번 태양을 돌기 때문에 주기적으로 관측할 수 있다. 이와 같은 주기성 덕분에 76년씩 시간을 거슬러 올라가면 기록에 남은 핼리 혜성을 찾아낼 수도 있다. 1066년 지구를 찾아온 혜성이 핼리 혜성이라는 것도 이렇게 알아낸 것인데, 인간이 알아보거나 말거나 묵묵히 지구를 찾는 혜성이라니, 매우 듬직하다. 핼리 혜성은 2061년 7월 다시 지구 근처를 찾아올 예정이다.

혜성의 상징은 꼬리다. 그 꼬리는 혜성의 몸체를 이루고 있는 얼음이 승화되어 휘날려 생긴다. 우주 공간에 공기가 없어서 그렇지, 만약 소리를 전달할 수 있는 매개체가 있다면 혜성은 엄청난 소음을 내며 날아갈 것이다. 만약 누군가 혜성 위에 타고 있다면 혜성에서 뿜어져 나오는 수증기 때문에 가만히 있지 못할 것이다. 운 좋게 나가떨어지지 않고 혜성에 잘 붙어 있더라도 적은 중력 탓에 제대로 서 있기 힘들 것이고 혹시라도 혜성이 쪼개지면 어느 쪽에 붙어야 할지 고민이 클 수도 있다. 게다가 혜성 자체는 엄청난 속력으로 태양을 공전하고 있다.

이렇게 변화무쌍한 혜성이지만 지구에서 혜성을 보면 하늘에 그려 놓은 것처럼 보이거나 정지 화면처럼 보인다. 꼬리는 있지만 휘날리지 않고 아무런 소리가 없다. 사람들은 혜성이 비행기처럼 휙 지나갈 것이라 생각하지만 그렇지 않다. 우주는 매우 넓고 혜성은 지구에서 멀리 떨어진 곳에 있기에, 혜성이 매우 빨리 날고 있음에도 원근법에 의해 거의 멈춘 것처럼 보인다. 다만 날마다 같은 시간에 보면 조금씩 자리가 바뀌는 것을 볼 수 있다. 혜성은 거리에 따라 다르지만 3주 이상 관측되기도 한다. 바로 이런 면이 지구인을 사로잡는 혜성의 매력이다. 사람도 분주한 것보다 멈춘 듯 있는 것이 매력적으로 보일까?

쓰고

돌리고

누구를

따라 하는 걸까?

6. 토성

2016년 토성 탐사선 카시니가 북극 쪽에서 찍은 토성의 모습. 토성은 태양계에서 가장 인기가 많은 행성이다. 몸체에 가로 줄무늬가 선명하게 보이고 매우 크고 아름다운 테를 적도에 두르고 있어 한 번 본 사람은 절대 잊을 수 없는 강렬한 인상을 남긴다.

우리는 토성과 아주 멀리 떨어져 있기 때문에 토성의 테가 마치 가운데가 뚫린 접시처럼 보이지만, 실제로 토성의 테는 무수히 많은 돌과 얼음덩어리로 이루어져 있다. 돌과 얼음인지 어떻게 아느냐고? 직접 보았고 소리도 들어 봤으니 안다. 1970년대에 천문학자들이 태양계 너머에 있는 외계인들에게 지구의 소식을 전하고자 우주로 보낸 보이저호는, 가는 길에 토성에 들러 토성의 테를 통과하며 돌과 얼음 세례를 받는 퍼포먼스를 했다. 천문학자들은 우주선이 돌과 얼음에 부딪히며 나는 소리를 녹음해 지구인들에게 들려주었다. 물론 이 소리는 우주선 밖에서는 들리지 않고 안에서만 들린다. 우주는 소리를 전달할 매체가 거의 없는 진공 상태이기 때문이다.

토성의 테는 위성이 되지 못하고 남은 조각들이 모인 것이다. 위성이 못 되었다고 하니 뭔가 운이 없는 것처럼 들리지만 이렇게 생각할 수도 있다. 80여 개에 이르는 토성의 위성 중 하나가 되면, 아주 특별나지 않고는 주목받을 수 없다. 하지만 수많은 조각들이 모여 거대한 테를 이루니 토성의 아이콘이 되었다. 이 또한 훌륭하지 않은가!

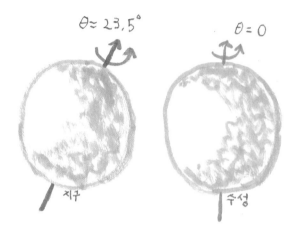

$\theta \fallingdotseq 23.5°$

$\theta = 0$

지구

수성

천 왕 성 은

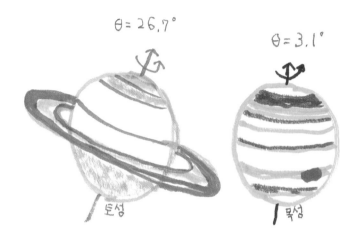

θ = 26.7°

θ = 3.1°

토성

목성

좋겠다.

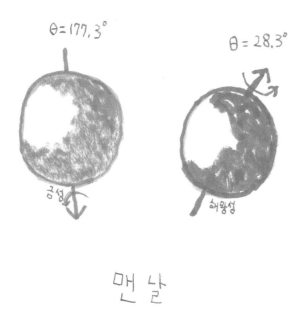

$\theta = 177, 3°$

$\theta = 28.3°$

금성

해왕성

맨 날

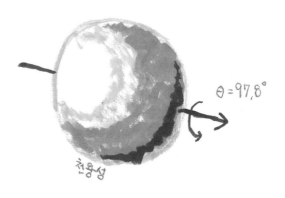

천왕성

$\theta = 97.8°$

누워 있어서!

7. 천왕성

NASA, ESA, and M. Showalter (SETI Institute)

2005년 찍은 천왕성의 모습. 오른쪽 흰 반점은 구름! 토성처럼 테가 있으며 대기의 온도는 영하 200도에 이르는, 태양계에서 가장 추운 행성이다. 대기가 매우 안정적이어서 구름이 없다고 여겨졌으나 관측 기술의 발달에 힘입어 구름이 없는 것이 아니라 그동안 볼수 없었을 뿐임이 밝혀졌다.

천왕성은 특이하게도 자전축이 97.9도 기울어져 있다. 태양계의 다른 행성들이 공전 면을 기준으로 살짝 머리를 기운 채 공전하고 있는 것에 비해 천왕성은 거의 누운 상태로 태양을 돌고 있다. 상황이 이렇다 보니 천왕성의 사계절은 지구와 사뭇 다르다. 천왕성의 공전 주기는 84년으로 지구인의 평균 수명과 거의 같다. 그러니 천왕성에서 태어난 인간이 있다면 그녀는 또는 그는 천왕성의 사계를 단 한 번만 경험할 확률이 높다.

만약 사는 곳이 북극 근처이고 마침 북극이 태양 반대편을 향하고 있을 때 태어났다면, 천왕성의 하루가 17시간 14분인 것과는 관계없이 그녀는 21년간 해를 보지 못할 것이다. 또한 매우 춥게 지낼 것이다. 천왕성이 서서히 공전해 적도가 태양 쪽을 향하면 천왕성이 자전을 함에 따라 21년 간 낮과 밤이 있다는 사실을 경험할 수 있다. 천왕성이 공전을 계속하면 이제 북극은 21년 동안 햇빛을 받는다. 다시 말해 21년 동안 낮이라는 뜻이다. 그리고 천왕성이 가던 길을 계속 가다시 적도가 태양을 향하게 되면 21년 동안은 다시 17시간 14분을 주기로 밤과 낮이 나타난다. 천왕성에서 가장 살기 좋은 구역은 어디일까? 땅이 없어 공중에 떠 있어야 하겠지만 천왕성에도 가장 비싼 공간은 있을 수 있다. 천왕성이 북극이나 남극을 태양 쪽으로 향하고 있을 때도 조금씩 햇빛을 볼 수 있는 적도 부근이 아닐까? 이곳은 땅값이, 아니 '공중 값'이 가장 비싼 곳이 될 것이다.

금성 　　　Lv2

이산화탄소 Lv7

가스공격!

금성　　　Lv2

이산화탄소　Lv7

효과가 굉장했다!

8. 금성

대기를 걷어 내고 본 금성의 북극. 지구와 반지름이 비슷한 금성에는 태양계에서 가장 큰 화산인 올림포스 화산이 있고 깊은 계곡도 있다. 바다만 있다면 지구와 아주 비슷한 모습일 것이다. 그러나 오늘날 금성에는 바다도 없고, 황이 섞여 노란빛을 띠는 두껍고 진한 대기가 시야를 가려 사진과 같은 모습을 볼 수는 없다.

지구 온난화의 주범이 이산화탄소라고들 하는데, 사실이다! 금성이 바로 그 증거다. 지구와 가장 가까운 자매 행성인 금성은 지구와 크기, 밀도, 구성 성분이 거의 비슷하고, 가지고 있는 이산화탄소의 총량도 같다. 다른 점이 있다면 지구의 이산화탄소는 지각에 다양한 형태로 포함되어 있고 금성의 이산화탄소는 죄다 대기 중에 나와 있다는 것! 그 결과 금성과 지구는 아주 다른 모습이 되었다. 금성은 지구보다 90배나 짙은 대기 탓에 표면 온도가 460도에 육박하는, 불지옥과 같은 곳이다. 혹시 금성의 북극이나 남극은 좀 시원하지 않느냐고 물을까 봐 미리 이야기하는데, 금성의 대기는 아주 잘 섞인 상태라 어디든 대기의 온도와 기압 상태가 같다.

금성이 이런 상태가 된 것은 대기의 96%를 차지하는 이산화탄소 때문이다. 이산화탄소는 지각이 적외선의 형태로 내놓는 열을 홀딱 흡수해서 다시 내뱉는데, 우주 쪽으로 발산한 것은 날아가지만 지표 쪽으로 발산한 것은 땅이 도로 흡수한다. 그러니 지표는 태양에서 오는 열과 이산화탄소가 돌려보낸 열을 함께 받는 셈이다. 이와 같은 일을 오랜 기간 반복하면 행성은 통구이가 된다. 만약 인간이 이산화탄소를 배출하는 속도를 늦추지 않는다면 우리의 미래는 금성과 같은 상황이 될지 모른다.

달

무슨
달

쟁반 같이
둥근
딸

9. 달

갈릴레오 탐사선이 찍은 달의 모습. 달의 지름은 지구의 4분의 1로 행성과 위성의 크기 비율로 따졌을 때 태양계에서 가장 큰 위성이다. 달의 분화구는 달이 태어날 때 생긴 것인데 달에는 대기가 없어 분화구가 침식되지 않기에 달 표면에 난 무늬는 시간이 지나도 저 상태 그대로 유지된다.

달은 우리가 알고 있는 것보다 훨씬 중요하다. 지구는 공전 면에 대해 23.5도가량 기울어진 채 자전을 하고 있는데, 만약 달이 없다면 지구는 마구 휘청거리며 공전을 할 것이다. 지구가 이 기울기를 유지하며 안정적으로 태양을 돌 수 있도록 붙들어 주는 것이 바로 달이다. 달은 매우 큰 위성이라 지구를 중력으로 붙들어 자전축이 흔들리는 것을 막아 줄 수 있다. 화성은 달이 2개나 있지만 그들이 너무나 작아서 흔들리는 화성을 잡아 주지 못하는 탓에 화성의 자전축은 15도에서 35도까지 마구 움직인다.

우리의 달은 조석 간만의 차를 일으켜 갯벌을 만들기도 한다. 그 덕분에 수많은 생물이 갯벌에서 살도록 진화해 종의 다양성이 더욱 풍부해졌다. 또 달은 일식과 월식을 만들어 지구인들에게 무료 우주 쇼를 보여 주기도 한다. 그뿐 아니다. 날마다 변하는 달이 없다면 우리는 밤마다 무슨 재미로 살까? 이렇게 중요한 달은 해마다 4센티미터씩 지구에서 멀어지고 있다. 그러니 달은 점점 더 작아 보일 것이고 어느 날부터 개기 일식을 볼 수 없게 될 것이다. 그렇더라도 달을 보내 주는 것이 옳다. 달이 멀어지는 것은 시간이 지날수록 달의 공전 속도가 감소하기 때문이라 지구가 원한다고 붙들어 둘 수 있는 것도 아니다. 만나면 헤어지는 때가 오는 법이다.

2장

아름다운
것들

별과 별 사이에는 원자나 분자, 티끌, 암석 부스러기 등으로 이루어진 기체 덩어리가 있다. 대부분 어마어마하게 큰 덩어리지만 너무나 멀리 있기 때문에 지구에서는 망원경으로 사진을 찍어야 겨우 보일 정도로 작게 보인다. 천문학자들은 이 천체들을 구분하기 위해 번호를 붙일 필요성을 느꼈고 영국의 천문학자들이 1,000개의 성운과 성단을 모아 1880년대 중반에 GC(General Catalogue of Nebulae and Clusters of Stars)라는 목록을 만들었다. 이 목록에 새로운 성운과 성단을 덧붙여 만든 것이 바로 1888년 나온 NGC 목록! N은 New의 약자다. NGC 목록은 오늘날까지 사용하고 있으며 천체가 발견된 순으로 번호를 붙인다. 현재 7,000개가 넘는 천체가 등록되어 있는데, 우주를 좋아하는 사람들은 자신이 좋아하는 천체의 NGC 번호를 외우기도 한다.

이지녀

탁자에

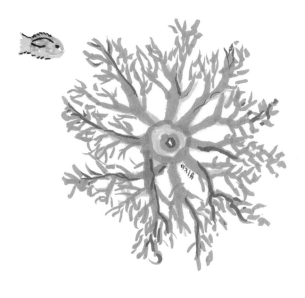

바다에

사막에

그리고 우주에

꽃이 핀다.

1. 장미성운

장미성운으로 알려진 NGC 2237. 장미성운은 겨울철 별자리인 외뿔소자리에 있고 지구로부 터 5,000광년 떨어져 있으며 크기는 대략 130광년에 이른다. 가운데 밝은 별들이 모여 있는 산개 성단은 NGC 2244. 산개 성단에 있는 젊고 뜨거운 별들이 주변을 밝힌다.

아무것도 하지 않아도 세상을 밝히는 존재들이 있다. 어린 별이 바로 그렇다. 장미성운 중심에는 300만~400만 년 전 태어난 매우 무겁고 밝고 젊은 별들이 있다. 이 별들은 아주 강한 감마선과 엑스선을 사방으로 내뿜으며 빛을 내는데 이 빛은 주변에 있는 수소를 만난다. 빛은 수소 원자핵과 함께 있던 전자를 꼬드겨 여행을 떠난다. 수소는 그동안 같이 지내던 전자가 어디선가 나타난 빛과 신나게 놀러 가는 것을 '쿨하게' 허용한다. 다른 전자가 찾아올 것을 알기 때문이다. 수소핵을 찾아온 또 다른 전자는 그동안 놀던 빛과 작별하고 빛은 다시 우주 공간으로 나간다. 이때 빛은 전자와 만나기 전과는 다른 색을 지닌 빛이 되어 우주를 여행한다. 그 빛이 지구에 도착해 우리에게 장미 모양의 수소 가스 덩어리가 있다는 사실을 알려 준다.

젊은 별들이 없다면 아무도 가스 구름의 존재를 알아차릴 수 없었을 것이다. 젊은 별은 밝게 빛나는 일 그 자체만으로도 주변을 밝히고 아름답게 만든다. 인간의 경우도 그렇다. 젊고 어린 사람들은 존재하기만 해도 사회의 빛이 된다. 그냥 숨만 쉬어도 그들은 이미 할 일을 다한 것이다.

누군가

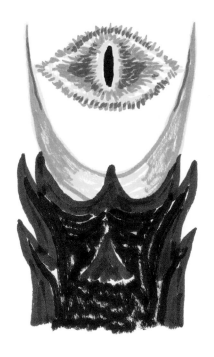

우 리 를

보고

있다.

2. 행성상 성운

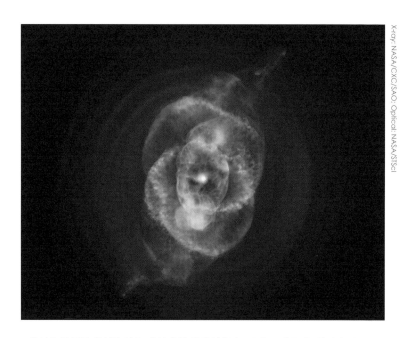

고양이 눈을 닮은 행성상 성운. 태양만 한 별의 최후의 모습을 보여 준다. 행성상 성운은 행성처럼 보이지만 행성은 아닌 천체다. 행성상 성운은 다양한 모양을 가지고 있는데 공통점은 중심에 별의 핵이 남아 있다는 것이다. 그 핵은 바로 죽은 별인 백색 왜성이다. 이 사진은 우리 눈에는 보이지 않는 엑스선으로 찍은 것으로 매우 에너지가 강한 빛이 고양이 눈동자 모양으로 퍼져 나가는 것을 볼 수 있다.

우리는 태양과 함께 태어난 지구에서 태양 에너지에 기대 살고 있다. 우리가 연료로 쓰는 석유나 방사능을 내뿜는 돌 등은 모두 태양 에너지가 다른 형태로 집적된 것이다. 우리의 근본은 태양이고 태양이 없는 지구인의 삶은 생각할 수도 없다. 그러나 세상에 영원한 것은 없다. 태양은 30억 년 또는 40억 년쯤 지나면 더 이상 태울 것이 없어 서서히 꺼질 것이다. 그러면서 거죽의 일부분을 놓치게 될 텐데, 이것은 늙으면 힘이 빠져 무거운 것을 들지 못하는 것과 비슷한 상황이다. 태양의 거죽은 잔뜩 부풀어 수성과 금성을 휩쓸고 지구마저 휩쓸고 지나갈 것이다. 태울 것이 없어 힘이 없다고는 하나 예전의 기운이 남아 있어 태양의 대기가 지구를 지나갈 때쯤 되면 지구의 모든 액체는 끓어 사라질 것이다. 지구에는 아비규환이 벌어지며 그 결과 생명체는 어느 것도 살아남지 못한다. 지구는 말 그대로 돌덩어리가 되어 버리는 것이다.

태양의 핵은 스스로 불탈 수는 없지만 남은 열을 간직한 숯덩이가 하얗게 빛나듯이 작게 빛날 것이다. 이것이 태양계 최후의 모습이다. 이 안에서는 이렇게 난리지만 이 모습을 태양계 밖에서 보면 정말 멋질 것이다. 그걸 어떻게 아느냐고? 지금 이 순간 이런 모습으로 죽어 가는 태양만 한 별은 셀 수 없을 만큼 많고 그 하나하나는 각기 다른 아름다운 모습을 자랑한다. 그러니까 이런 일은 흔하디흔한 일이다. 누구나 죽는다. 그것이 태양이라 할지라도.

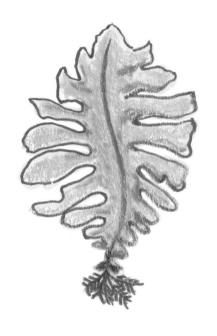

바닷말?

말?

말?

말!

3. 말머리성운

ESO

오리온자리의 말머리성운. 별자리나 천문 사진에 관심이 있는 사람이라면 모두 아는 유명한 성운으로 말의 머리처럼 생겼다고 해서 '말머리성운'이라는 이름이 붙었다. 겨울철 별자리로 잘 알려진 오리온자리에 있으며, 지구에서는 망원경으로 봐야 겨우 보이지만 실제 크기는 반지름이 3.5광년에 이를 정도로 매우 큰 가스 덩어리다.

말머리성운은 밝고 큰 별, 그 곁에 있는 가스 구름, 그리고 거기서 다소 멀리 떨어져 있는 말 머리를 닮은 가스 덩어리, 이렇게 세 천체가 힘을 모아 만들어 낸 예술 작품이다. 말머리성운의 사진을 자세히 보면 말 머리는 그저 어두운 가스 덩어리에 불과하다. 이 어두운 가스 덩어리의 존재를 알려 주는 것은 그 뒤에서 빛나고 있는 붉은 가스 덩어리! 이 붉은 가스 덩어리 역시 그 옆에 있는 크고 밝은 별이 아니었다면 아무도 그 존재를 몰랐을 것이다. 결국 밝게 빛나는 별에서 나온 빛이 수소 가스를 구슬려 붉게 빛나도록 만들고, 멀리 떨어진 말 머리 모양 가스 덩어리의 배경이 되었다.

　이 우주에 있는 모든 것은 움직이기에 말머리성운의 모양은 서서히 흐트러져 언젠가는 아무도 말 머리를 닮았다고 하지 않을 때가 올 것이다. 그때가 되면 저 뒤에서 빛을 내뿜던 별도 수명을 다할 텐데, 그러면 미래에 죽은 별과 성운들은 또 어떤 작품을 만들어 낼까?

이리 날아오라기엔

너 무

멀리 있는

나 비

4. 나비 성운

NASA/ESA/Hubble

전갈자리에 있는 나비 성운 NGC 6302. 날개의 폭이 무려 3광년에 이르는 어마어마하게 큰 나비인 셈이다. 나비 모양의 가스들은 중심에 있는 별에서 퍼져 나온 것으로, 지구와 달 사이를 24분 만에 주파하는 정도의 아주 빠른 속도로 퍼지는 중이다.

나비 성운의 날개가 딱 붙어 있는 중심 부분에는 백색 왜성이 있다. 태양만 한 별들이 더 이상 핵융합을 할 수 없게 되었을 때 대기를 날려 버리고 남은 중심핵을 백색 왜성이라고 한다. 백색 왜성은 더 이상 핵융합을 할 수 없지만 그동안 축적해 놓은 열이 있어서 표면 온도는 2만 5,000도에 달할 만큼 뜨겁다. 철이나 금속을 뜨겁게 달구면 거기에서 빛이 나는 것처럼, 이 백색 왜성 역시 평생 달궈진 몸체에서 어쩔 수 없는 연륜의 빛이 삐져나와 희게 보인다.

백색 왜성 양쪽으로 펼쳐진 나비의 날개는 얼마 전까지 이 별을 둘러싸고 있던 가스로, 별이 늙어 더 이상 이 가스들을 붙들어 둘 힘이 없어지자 중심 별에서 멀어지고 있는 중이다. 가스들의 입장에서 보자면 별의 일부가 된 이후 처음으로 별의 영향력을 벗어나 우주로 여행을 하는 중이라고나 할까. 결국 이 가스들은 별이 죽어 힘이 빠진 뒤에야 먼 곳으로 떠날 수 있게 된 것이다. 그리고 별은 옷이 되어 주던 거죽을 잃고 펄펄 끓는 속내를 완전히 드러내 뜨거운 백색 왜성을 날 것 그대로 내보인다. 자신을 온전히 드러내는 죽음이라니 정말 멋지지 않은가! 4,000광년 떨어진 먼 거리에서 그 광경을 지켜보는 지구인들은 그저 멋지다는 말밖에는 할 수가 없다.

왠 지

모 두

모이기만 하면

돈다 !

5. 나선 은하

물고기자리에 있는 나선 은하 M 74 또는 NGC 5457. 은하란 별들이 모여 사는 도시와 같은 것으로 보통 1,000억 개의 별들이 모여 있다. 모양에 따라 나선 은하, 타원 은하, 불규칙 은하 등으로 나뉘는데, 태양이 속한 우리은하와 이웃 은하인 안드로메다은하는 모두 나선 은하다.

알고 보면 우주의 모든 것은 어떤 형태로든 돌고 있다. 우리은하는 별이 1,000억 개쯤 모인 별들의 집단인데, 가만히 있지 않고 돈다. 은하 가운데 팽이처럼 축이 있고 그 축을 중심으로 도는 것이다. 우리은하뿐 아니라 지구에서 약 200만 광년 떨어진 안드로메다은하도 돈다. 그러면서 안드로메다은하와 우리은하는 춤을 추듯 서로의 질량 중심을 축 삼아 돈다. 더 엄밀히 말하면 우리은하와 안드로메다은하가 속한 이웃 은하들이 서로서로 돌고 있는 것이다.

은하 규모를 넘어서니 머리가 어지러운 사람을 위해 태양계로 돌아와 보자. 지구는 자전을 하면서 태양을 도는 공전을 하고, 태양계 행성과 위성들도 모두 저마다 다른 속도로, 다른 기울기를 가지고 돈다. 도대체 우주에 있는 것들은 왜 죄다 도는 것일까? 아무도 모른다. 진짜 모른다. 그래서 다행이다. 지금까지 모른다는 것은 뭔가 매우 어려운 내용이 포함되어 있을 것이 분명한데, 그것이 밝혀지면 그걸 또 이해하고 외워야 할 것 아닌가? 그러니 그냥 모른 채 두는 것도 좋을 것 같다. 하지만 분명한 것 하나는 인간은 도는 것 때문에 매우 즐겁게 지낼 수 있다는 점이다. 깨달음을 위해 빙빙 도는 수피춤, 달밤에 손을 잡고 빙빙 도는 강강술래, 소리를 지르며 즐거워하는 어린이들을 태우고 도는 놀이 기구…. 도는 것은 즐거운 것이다.

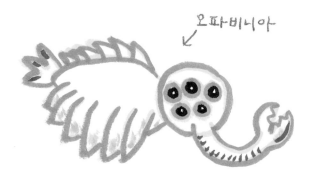

오파비니아

은하는

멋진 개

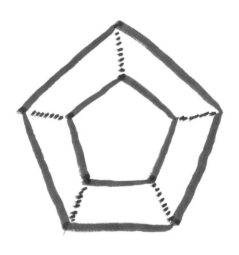

일 까

♀ ?

6. 스테판의 오중주

NASA, ESA, and the Hubble SM4 ERO Team

가을철 별자리인 페가수스자리에 있는 은하들의 모임, 스테판의 오중주. 프랑스 천문학자인 발견자 에두아르 스테판의 이름을 땄다. 언뜻 보면 은하가 4개인 것 같지만 가운데 은하에 밝은 중심이 위아래로 2개 있는 것을 볼 수 있다. 이 두 은하는 지금 합체하는 중이다.

중력은 매우 신비한 힘이다. 누가 중력을 전달하는지 아무도 모르고 어떻게 전달하는지도 모른다. 이것을 두고 과학자들은 '중력의 매개체를 찾지 못했다.'라고 말한다. 더 신기한 것은 두 물체 사이가 아무리 멀어도 중력은 동시에 작용하며, 물체가 여러 개 있으면 알아서 중력의 중심이 되는 장소를 찾는다는 것이다. 어떻게 하는 건지 도무지 알 수가 없다.

'스테판의 오중주'라 불리는 5개의 은하들 중 왼쪽 위에 있는 것을 제외한 4개의 은하는 어쩌다 같은 중력권 안에 들어서게 되었다. 넷의 중력권에 들지 못한 은하는 사실 이들과 멀리 떨어져 있고 우리에게 더 가까이 있는데, 우연히 네 은하와 나란히 찍힌 것이다. 4개의 은하는 서로가 행사하는 중력 중심을 축으로 삼아 서로 공전한다. 그러면서 중력에 의해 서로에게 끌린다. 중력의 매력 포인트는 우주에 있는 힘 가운데 유일하게 밀어내는 힘이 없다는 것이다. 중력은 끌어당기는 힘만 있으므로 오랜 시간이 지나면 4개의 은하는 하나가 될 것이고, 이들의 중력은 은하 4개 분량만큼 세져서 주변을 얼쩡거리는 다른 은하들을 천천히 끌어들여 별들이 북적이는 '핫 플레이스'가 될 것이다. 물론 그럴 때마다 중력은 더욱 세진다. 우주의 빈익빈 부익부라고나 할까?

내 눈에는

다섯 개밖에 안 보이는데.

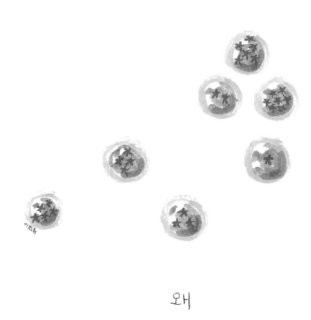

왜

'일곱 자매'라는지 모르겠다.

7. 플레이아데스 산개 성단

NASA, ESA, AURA/Caltech, Palomar Observatory

황소자리에 있는 플레이아데스 산개 성단. 시력이 좋으면 맨눈으로 7개보다 많은 별을 볼 수 있다. 산개 성단이란 일정한 모양이 없이 모여 있는 별 무리를 이르는 말로, 공 모양으로 별들이 모여 있는 구상 성단과 대비해서 사용하기도 한다.

그리스 신화에서 플레이아데스는 거인 아틀라스와 요정 플레이오네 사이에서 태어난 일곱 자매로 사냥꾼 오리온에게 쫓기다 모두 별자리가 되어 플레이아데스성단을 이루었다고 전해진다. 플레이아데스성단을 우리말로는 좀생이별, 일본에서는 스바루라고 부르는데, 워낙 밝고 눈에 잘 띄어 문화권마다 각기 고유한 이름을 가지고 있다. 플레이아데스를 맨눈으로 보면 별이 7개 정도 보이지만 실제로는 1,000여 개가 넘는 별들이 모인 집단이며, 모두 한 가스 덩어리에서 거의 동시에 생겨난 쌍둥이별들이다.

같은 중력권으로 묶인 이들은 서서히 오리온자리의 발 방향으로 움직이고 있다. 가다가 중력이 큰 천체를 만나면 플레이아데스성단 내부의 중력 관계가 깨지면서 별들은 흩어져 버리고 말 것이다. 마치 오리온이 성단을 발로 차서 깨 버리듯이. 현재 이 성단의 나이는 얼추 1억 년으로 중생대 이전에 살던 지구 생물들은 플레이아데스성단을 볼 수 없었다. 천문학자들은 2억 5,000만 년 정도 후에 이 성단이 깨질 것이라 내다보고 있는데, 그때까지 인간이 지구에서 사라지지 않고 잘 버티고 있다면 플레이아데스가 해체되는 과정을 아주 천천히 볼 수 있다.

3장

별의
일생

밤하늘에 빛나는 별처럼 인생을 정직하게 보여 주는 존재도 드물다. 티끌만도 못한 아주 작은 수소와 헬륨이 서로의 중력에 이끌려 모이고 모여 어마어마하게 커진 뒤 급기야 스스로 빛을 내면서 불타올라 우주를 밝히는 등불 같은 존재가 되다니, 정말 대단하지 않은가? 게다가 별은 불이 붙는 그 순간 질량에 따라 수명은 물론 삶의 과정과 최후의 모습까지 확실하게 정해지는, 말 그대로 예측 가능한 삶을 산다. 무겁게 태어나 엄청난 빛을 내뿜는 별은 수명이 짧고, 가볍게 태어나 약한 빛을 내는 별은 수명이 길다. 짧고 굵게 살 것인지 가늘고 길게 살 것인지 태어나는 그 순간 결정된다. 그리고 어떤 삶이든 우주에선 모두 소중하다. 우리가 모두 소중하듯이.

모든 것은

태어나기 전에는

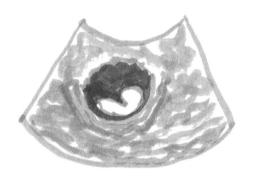

그 본모습을

온전히 알 수

없다!

1. 별 고치

NASA, ESA, and M. Livio and the Hubble 20th Anniversary Team

지구에서 7,500광년 떨어진 카리나 성운. 두꺼운 가스 성운은 별을 품고 있는 인큐베이터 같은 곳이다. 가스들이 뭉쳐 수많은 별들이 태어난다. 별은 빛을 마구 내뿜고 그 빛은 자신을 둘러싼 가스 성운 사이로 삐져나온다. 성운 가장자리와 성운의 중심부는 어린 별들이 내뿜는 빛으로 인해 마치 선을 그은 것처럼 경계가 선명하게 드러난다.

모든 생물은 신체 기관이 완성되어 태어나기 전까지 안전한 고치 속에 들어 있다. 고치라는 말은 주로 곤충에게 쓰지만 양서류나 파충류의 알, 포유동물의 자궁 역시 불완전한 신체를 외부 환경으로부터 격리해 보호해 준다는 점에서 고치와 같다. 이상하게 들릴지 몰라도 별 역시 태어나기 전에 고치 속에 들어 있다. 별이 탄생하는 과정은 난자와 정자가 만나는 지구 생물의 탄생과는 전혀 다르지만 아기별 역시 태어나기 전에는 수소 가스로 이루어진 고치 속에 들어 있다.

수소 가스가 뭉쳐 중심부의 온도가 1,000만 도에 이르는 순간, 가스로 이루어진 공의 중심부에서는 수소 핵융합이 일어나 헬륨이 생기고 이때 생긴 빛은 수많은 난관을 뚫고 수십만 년 걸려 수소 공 밖으로 나온다. 수소 공의 중심부에선 이미 빛이 생겨 별의 존재를 짐작할 수 있지만, 이 빛이 공 밖으로 나와 주변을 싸고 있는 고치를 날려 버리기 전에는 아무도 별이 태어났는지 알 수 없다. 고치 속에서 일어나는 일을 가시광선으로는 볼 수 없기 때문이다. 곧 태어날 준비가 된 별을 수십만 년 동안 아무도 알 수 없다는 뜻이다. 그런데 요즘은 가시광선뿐 아니라 적외선을 보는 망원경이 있어 고치 속을 몰래 들여다보는 일이 가능해졌다. 마치 인간들이 엄마의 배 속에 있는 아기를 보려고 초음파 검사를 하는 것처럼 말이다.

큰개자리

시리우스 A

B

크기가 다르고

거문고자리

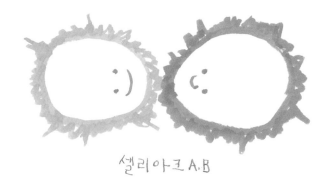

셀리아크 A.B

색이 달라도

페르세우스자리

C

B

알골 A

우리는 모두

큰곰자리 6중성

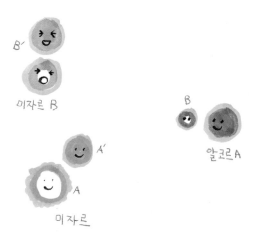

B'

미자르 B

B

알코르 A

A'

A

미자르

쌍둥이야!

2. 쌍성

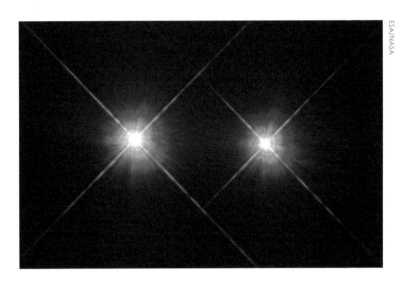

켄타우루스자리에서 가장 밝은 알파별은 쌍둥이! 쌍둥이로 태어나는 별들은 태어날 때는 같이 태어나도 질량에 따라 죽는 시기는 다르다. 그러나 죽은 뒤에도 서로를 돌며 영원히 우주에 남는다.

별들은 대부분 쌍둥이로 태어난다. 두셋은 기본이고 여섯 쌍둥이도 심심치 않게 태어난다. 그곳에 있는 행성들은 태양이 2개, 3개, 6개가 되는 것이다. 우주에서는 외별로 태어나는 일이 더 드물어 우리처럼 오직 하나뿐인 태양을 갖는 것은 희귀하다. 태양이 하나뿐이라서 오늘날 우리가 버젓이 숨 쉬게 되었을 확률이 크다. 만약 태양과 같은 별이 2개였다면 자외선을 비롯해 생명체에 해로운 영향을 주는 빛의 양이 훨씬 많아 운 좋게 지구에 생명체가 생겼더라도 살아남지 못했을 것이다.

그러나 이런 위험한 쌍성이 우리 태양이 아니고 먼 곳에 있는 천체라면 매우 훌륭한 연구 대상이 된다. 두 별이 서로를 가려 밝기가 주기적으로 변하는 별인 식변광성이 좋은 예다. 이런 경우 두 별의 사이가 멀면 밝기가 변하는 주기가 길 것이고, 반대로 가까우면 밝기가 변하는 주기가 짧을 것이다. 만약 두 별의 질량과 크기가 확연히 다르다면 그 비율도 알 수 있다. 우리는 지구에서 몇 광년 이상 떨어진 쌍둥이별 사이의 거리와 질량비까지 알 수 있는 것이다. 지구에서 한 발짝도 나가지 않은 채로.

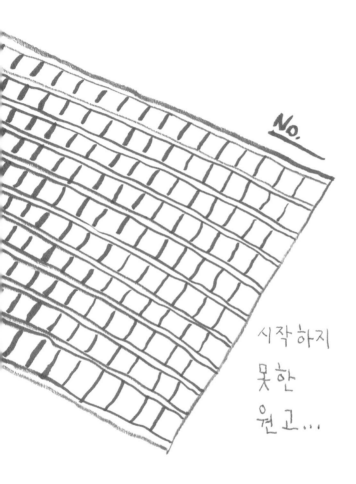

NO.

시작하지
못한
원고...

들지 못한 바벨

싹트지 못한 씨앗

불 붙지 못한 성냥

3. 갈색 왜성

별이 되지 못한 가스 덩어리 갈색 왜성을 그린 상상도. 당연한 말이지만, 별이 되지 못했다는 것은 스스로 빛을 내지 못한다는 뜻이니 우리 눈에 보이지 않는다. 그러나 빛은 못 내더라도 적외선 정도는 낼 수 있다. 이것은 수소 핵융합으로 빛을 내는 것이 아니라 가스 덩어리가 지닌 자체 열을 내는 것으로 적외선 망원경을 이용해야 볼 수 있다.

거대한 가스 덩어리가 있고, 그 가스 덩어리가 뭉친다고 모두 별이 되는 것은 아니다. 별이 되려면 최소한 태양 질량의 0.08배는 되어야 한다. 그래야 중심의 온도가 1,000만 도에 이르고 수소 핵융합이 일어나 빛과 열을 낼 수 있기 때문이다. 그러나 안타깝게도 이 온도에 이르지 못해 별이 되지 못한 가스 덩어리들도 많다. 아주아주 많다. 별이 되지 못한 거대한 수소 공들은 비록 찬란한 빛을 내지는 못해도 중심 핵이 제법 데워지기는 했으므로 따뜻한 물체가 내놓는 적외선 정도는 방출한다.

적외선은 인간의 눈에 보이지 않고, 적외선을 보는 망원경 또한 발명된 지 얼마 되지 않았기에 인간들은 별이 되지 못한 안타까운 존재들에 대해 알지 못했다. 그러나 이제는 그런 천체들이 있다는 것을 안다. 그리고 그들의 수가 엄청나게 많아 우주를 이루고 있는 물질 가운데 상당한 양을 차지한다는 것도 안다. 지구인들은 그 어둠 속 존재들에게 갈색 왜성이라는 이름을 붙여 주었다. 불붙지 못한 가스 덩어리라도 이름이 있으니 조금이나마 위로가 될까?

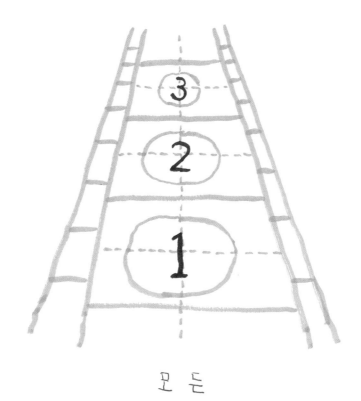

모든

이야기는

THE END

반드시

끝이 있다.

4. 초신성

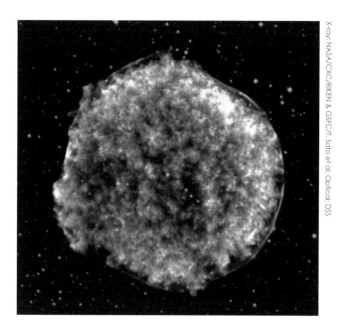

엑스선 망원경으로 촬영한 티코의 초신성. 카시오페이아자리에 있다. 우주
의 모든 것은 죽음을 맞이한다. 별들은 태어날 때 얼마나 무겁게 태어났느냐
에 따라 어떻게 죽을지 결정된다. 태양보다 30배 이상 무겁게 태어난 별들은
태양보다 몇만 배나 밝게 빛나다가 죽을 때도 강렬한 폭발을 일으키고 장렬
하게 죽는다. 이 단계의 별을 초신성이라 한다.

수소 덩어리로 태어난 별은 일생 동안 몸속에서 헬륨, 산소, 탄소, 황, 마그네슘, 철 등 다양한 원소를 만든다. 폭발을 하며 죽는 순간에는 금과 은 그리고 중금속을 만든다. 사는 동안은 물론이고 죽는 순간에도 일을 하는 셈이다. 그렇게 죽고 나서는 가운데 부분은 중성자별이나 블랙홀이 되어 지구인들에게 무한한 상상의 세계를 선사한다. 정말 아낌없이 주는 천체 아닌가!

이게 전부가 아니다. 초신성 폭발의 밝기는 웬만한 은하의 밝기와 맞먹기 때문에 아주 멀리 있어도 보인다. 그 덕분에 초신성이 속한 은하가 우리에게서 얼마나 빨리 멀어지는지 측정하는 도구가 되어 준다. 최근 천문학자들이 초신성을 관측하면서 알아낸 사실은, 우리 우주가 부푸는 탓에 은하들이 우리에게서 멀어지고 있으며, 멀어지는 속력이 날이 갈수록 더 빨라진다는 점이다. 만약 이것이 사실이라면 풍선을 계속 불면 풍선이 찢어지듯 언젠가는 우주에 있는 물질, 예를 들어 행성이나 별도 분해되어 원자로 돌아가고, 원자도 해체되어 핵과 전자로 나뉘며 핵을 이루는 중성자와 양성자도 사라져 이 우주에는 아무 흔적도 남지 않을 것이다. 결국 우주도 죽는 것이다.

자외선
NGC 6960
X-선

앏은 선

NGC6992

하이얀 파편은

veil nebular

멀리 퍼져

베일레라.

5. 초신성 잔해

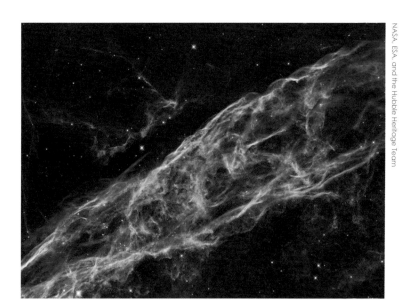

NASA, ESA, and the Hubble Heritage Team

백조자리에 있는 초신성 잔해. 베일 성운으로 불린다. 태양보다 훨씬 무겁고 거대한 별이 죽음을 맞이해 폭발을 일으키면 별을 이루던 물질들이 아주 빠른 속력으로 퍼져 나가는데, 이를 초신성 잔해라고 한다. 초신성 잔해는 주변에 있는 물질의 분포에 따라 다양한 모습으로 퍼진다.

태양보다 30배 이상 무겁게 태어나 몸 안에서 산소, 탄소, 규소 등을 만들며 격렬하게 살던 거대한 별은 핵융합 반응으로 생긴 철이 중심부에 쌓이면 더 이상 핵융합을 할 수 없게 된다. 수소나 헬륨은 핵융합을 해서 더 무거운 원소로 변할 때 여분의 에너지를 내놓지만, 철은 여분의 에너지는커녕 주변에 있는 에너지를 가져다 써야 더 무거운 원소로 변신할 수 있기 때문이다. 별은 그렇게까지 해서 더 무거운 원소를 만들지는 않는다. 이렇게 별 내부에 더 이상 태울 것이 없어지면 중심핵이 폭삭 꺼지면서 중성자별이나 블랙홀이 되고 중심핵 바깥 부분은 반대로 폭발과 함께 밖으로 튀어 나가 초신성이 된다. 철보다 무거운 원소는 바로 이 폭발 때 생겨난다.

별이 폭발할 때 떨어져 나온 가스는 우주에서 가장 자유로운 가스들로 아무런 제약 없이 곧바로 우주로 뻗어 나간다. 가다가 주변에 있던 가스를 만나면 충돌해서 엑스선과 같은 빛을 내는데, 이건 마치 이웃 동네에 갔다가 텃세를 부리는 무리를 만나 신고식을 치러야 하는 것과 비슷하다. 밀어붙이는 힘이 세면 그 지역 가스를 밀어내고 더 나아갈 수 있지만 그렇지 못하면 가스들은 그곳에 쌓인 채 빛을 낸다. 이것이 바로 초신성 잔해다. 그러니 초신성 잔해는 엄마 별로부터 독립한 가스들이 이웃에 가서 적응하고 있는 것이라고 생각하면 된다.

한 번

발을 들이면

빠져나올 수

없다!

6. 블랙홀

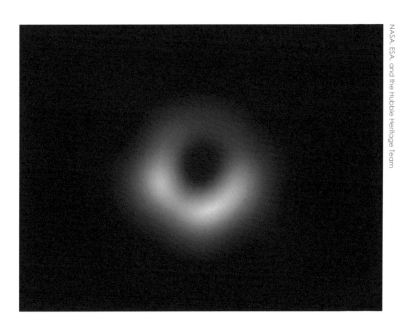

'사건의 지평선 망원경'이 촬영한 수많은 사진을 조합해 만든 최초의 블랙홀 사진으로 2019년 4월에 완성되었다. 봄철 별자리인 처녀자리에 있는 NGC 4486이라 불리는 초거대 타원 은하의 중심에 있는 초거대 블랙홀. 질량은 태양의 65억 배에 이른다.

블랙홀은 중력이 매우 커서 빛조차 빠져나오지 못하는 시공간 영역을 이른다. 블랙홀이 되려면 일단 덩치가 크고 무거워야 한다. 태양마저도 블랙홀이 되기에는 너무 작다. 천문학자들의 계산에 따르면 적어도 태양 질량의 3배는 되어야 블랙홀이 될 가능성이 있다. 그러니 이 지구를 벗어날 수 없는 인간은 블랙홀로 변한 태양에 빨려 들어가는 체험 따위는 영원히 할 수 없다.

그런데 우리가 블랙홀에 대해 오해하는 것 한 가지가 있다. 블랙홀은 무엇이든 가차 없이 빨아들인다는 흔한 편견과 달리 매우 인자하다. 그들은 선을 정해 놓고 그 너머에 있는 물질이나 빛은 절대 삼키지 않는다. 다만 그 선 안에서는 빛조차 빨아들이기에, 우리 입장에선 그 너머에서 무슨 일이 벌어지는지 알 수 없다 하여 그 선을 '사건의 지평선'이라 부른다. 하지만 블랙홀은 그동안 빨아들인 것을 풀어 주기도 한다. 이를 두고 과학자들은 블랙홀이 증발한다고 하는데, 너무나 천천히 토해 내기 때문에 우리가 느낄 수는 없다. 어쩌면 블랙홀의 이러한 속성은 우리에게도 있는지 모른다. 그래서 분명 기초 신진대사로 에너지를 소비하지만 체중이 증발하는 것은 느끼기 힘든 것이다. 분명 그렇다.

4장

신비한 것들

우주에는 정말 신비한 일들이 많지만 가장 신비한 일은 우주가 작은 점으로부터 시작되었다는 것이다. 이를 빅뱅 모형이라고 한다. 과학자들은 비싼 장비를 동원해 138억 년 전 빅뱅이 있었다는 증거들을 수집했다. 우주가 한 점에서 시작했다는 사실은, 믿기 어렵겠지만 사실일 가능성이 크다. 과학자가 아닌 사람들의 입장에서 더 믿기지 않는 사실은, 우주에서 오는 희미한 별빛만 가지고 이 모든 것을 논하고 있다는 사실이다. 빛은 정말이지 많은 정보를 가지고 있다. 오늘도 천문학자들은 빛의 기억을 저장소에서 꺼내고자 부단히 노력한다.

학원 빼먹자,

그래.

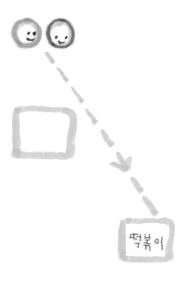

떡볶이 어때?

좋아!

피자 있어,

피자도 있어,

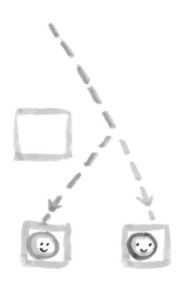

먹고 싶은 거 먹자.
그래.

1. 중력 렌즈

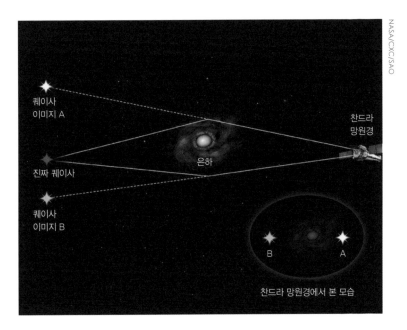

NASA/CXC/SAO

퀘이사
이미지 A

찬드라
망원경

진짜 퀘이사

은하

퀘이사
이미지 B

B   A

찬드라 망원경에서 본 모습

찬드라 망원경에 2개의 퀘이사가 찍히는 이유를 설명한 나사의 그림. 퀘이사가 2개로 보인 이유는 가운데 있는 은하가 중력 렌즈 역할을 했기 때문이다. 왼쪽에 있는 진짜 퀘이사는 가운데 있는 은하에 가려 보이지 않아야 한다. 그러나 진짜 퀘이사에서 출발한 빛 가운데 은하 근처를 지나가는 빛은, 은하의 중력으로 휘어진 공간을 따라 지구 쪽으로 향하고 지구인들이 우주에 올려놓은 찬드라 망원경에 찍힌다. 그 결과 우리에겐 퀘이사가 2개 있는 것처럼 보인다.

도저히 대항할 수 없는 덩치 큰 누군가가 내 앞을 떡하니 막고 있을 때의 막막함이란 어떻게 말로 표현할 수 없다. 그러나 우주의 천체들은 그런 존재를 십분 이용해 자신을 드러내는 도구로 쓴다. 지구와 A은하 사이에 크고 무거운 은하가 딱 버티고 있을 때 지구인은 A은하를 볼 수 없다. 그런데 크고 무거운 은하는 중력이 매우 세서 주변의 공간을 휘어 놓는다. 공간은 중력장을 따라 부드러운 곡선 모양으로 휘고 A은하에서 오는 빛은 휘어진 공간을 따라 지구에 도달한다. 이렇게 지구에 도달한 A은하의 모습은 가운데 놓인 크고 무거운 천체의 모양에 따라 고리 모양일 수도 있고 십자 모양일 수도 있다.

　언뜻 보면 A은하가 크고 무거운 은하를 이용하는 것 같지만 조금 더 넓은 마음으로 보면 지구와 A은하 사이에 낀 무거운 은하가 중력을 이용해 재주를 피우는 것이라 볼 수도 있다. 낀 은하는 자신의 모습과 중력을 이용해 다른 은하의 모습도 개성 있게 바꾸어 준다. 그리고 절대 남의 앞을 막고 다른 이의 존재를 가리는 일 따위는 하지 않는다. 만약 그러는 것처럼 보인다면 지구인은 이해할 수 없는 다른 이유가 있어서일 것이다.

해 와

이지유

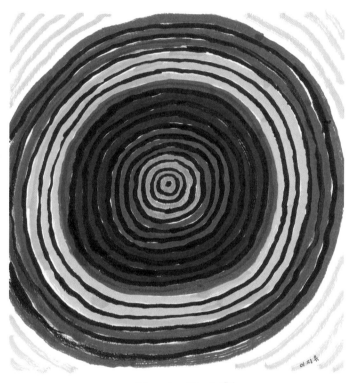

달이 만나면

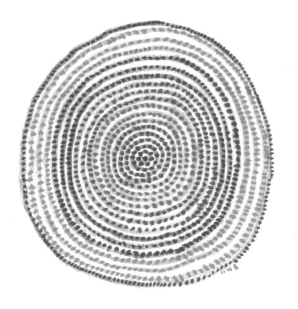

지구에

축 제 가 온다.

2. 우주에서 본 일식

NASA

1969년 11월, 달에 다녀오던 아폴로 12호 승무원들이 촬영한, 지구가 태양을 가리는 일식. 16밀리 동영상 카메라로 촬영되었다. 오로지 달이 태양을 가려 주기를 바라는 수밖에 없는 지구인들로서는 우주로 나가 지구가 태양을 가리는 유례없는 일식을 본 우주인들이 그저 부러울 따름이다.

식(蝕)이란 어떤 것을 가린다는 뜻으로 일식은 해를 가리는 것, 월식은 달을 가리는 것을 말한다. 이 단어의 신기한 점은 무엇을 가리는지 알 수 있지만 누가 가리는지는 명확하지 않다는 것이다. 지구 대기 밖으로 나갈 수 없는 지구인들에게 일식이란 오로지 달이 태양을 가리는 것밖에 없지만 혹시 외계인이 거대한 우주선을 끌고 와 마침 해가 딱 가려지는 곳에 놓는다면 그것도 일식이 된다. 해를 완벽하게 가리면 개기 일식이 되고 부분만 가리면 부분 일식이 된다. 이와 같은 원리로 천문학자들은 코로나그래프라는 것을 인공위성 궤도에 올려놓았는데, 달과 비교할 수 없을 정도로 작은 원판이지만 해를 딱 가리는 위치에 놓고 사진을 찍으면 가림판 뒤로 빛나는 코로나를 얼마든지 볼 수 있다.

아폴로 12호의 승무원 세 사람은 우주에서 지구가 태양을 가리는 개기 일식을 보았다. 우주를 항해할 수 있는 우주선에서는 궤도 선택만 잘 하면 훨씬 쉽게 일식을 볼 수 있다. 만약 우주여행이 쉬워진다면 오늘날 지구인들이 개기 일식이 일어나는 곳으로 여행을 가기 위해 몇 년 전부터 비행기표와 호텔을 예약하듯 우주선 예약을 하게 될지도 모른다. 아니면 개기 일식을 쉽게 볼 수 있게 된 만큼 간절하게 보고 싶어 하지는 않을지도 모르겠다. 아무래도 희소가치라는 것이 있으니 말이다.

끙차!

뒤집, 탁!

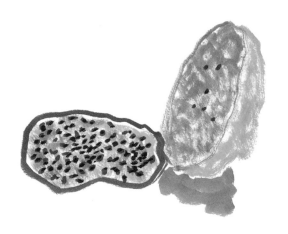

?

으악!

3. 빅뱅

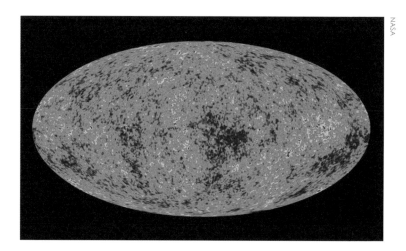

NASA

윌킨슨 마이크로파 비등방성 탐색기 WMAP이 2001년부터 9년 동안 온 우주를 찍어 완성한 우주 배경 복사 이미지. 빅뱅 이론은 현재 가장 각광받는 우주의 역사 초기에 관한 모형이다. 빅뱅 모형을 간단히 정리하면 우주를 지배하는 네 가지 힘인 중력, 전자기력, 강력, 약력과 입자가 모두 한 점에 모여 있다가 138억 년 전 느닷없이 팽창해 공간을 만들며 이 우주가 시작되었다는 것이다. 위 이미지는 이를 뒷받침하는 가장 강력한 근거인 우주 배경 복사로 오늘날 빛의 속력으로도 다다를 수 없는 우주 양끝의 지역에도 같은 파장의 빛이 균등하게 분포하고 있다는 것을 보여 준다. 다시 말해 이 빛들은 아주 옛날에는 서로 소통할 수 있는 공간에 모여 있었다는 뜻이다.

믿기지 않겠지만 우주는 한 점에서 시작되었다. 138억 년 전 볼펜으로 찍은 점보다도 작은 점이 눈 깜짝할 사이에 태양계보다 커져 오늘날 우주가 되었다고 한다. 그때 폭발했던 힘이 남아 있어 우주는 아직도 팽창 중이다. 이건 우주에 관해 누구보다 많이 생각하는 천문학자들의 머릿속에서 나온 이론이며, 누구보다 우주에 관심이 많은 관측천문학자들이 지구상에서 가장 비싼 망원경으로 우주를 들여다보고 그 이론을 증명해서 얻은 결론이므로 믿어도 좋다.

사실 우주가 한 점의 폭발로 생겼다는 생각은 처음 나왔을 때나 지금이나 피부로 느끼기는 힘들다. 아이러니하게도 프레드 호일이라는 천문학자가 이 생각을 비웃으며 내뱉은 '빅뱅'이라는 말이 이 생각을, 그러니까 우주의 역사를 설명하는 이론의 이름이 되었다. 비록 빅뱅 반대론자의 입에서 나온 말이지만, 빅뱅이라는 단어가 너무나 알맞고 부르기도 쉬워 우주론에 관심이 없더라도 우리는 빅뱅이 무엇인지 느낌으로 안다. 처음에는 하찮아 보이던 것이 갑자기 어마어마하게 중요한 일이 되었을 때, 어떤 일에 모여드는 사람이 느닷없이 많아졌을 때, 생물의 종이 폭발하듯 다양해졌을 때 우리는 빅뱅이라는 말을 쓴다. 빅뱅의 속성은 한번 간 길을 되돌아가기 어렵다는 것이다. 빅뱅으로 생겨난 우주가 138억 년이 되도록 도로 점으로 돌아가지 않은 것을 보면 확실하다.

최

고양이

감

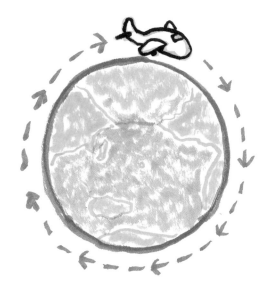

4. 태양계 밖의 우주

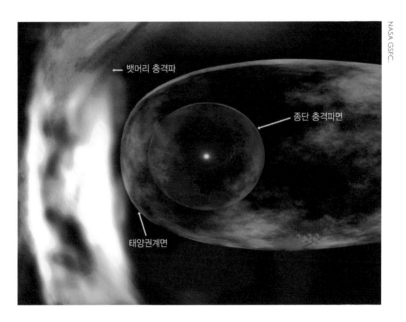

뱃머리 충격파

종단 충격파면

태양권계면

태양계와 그 주변의 모습을 상상해서 그린 그림. 지구를 비롯한 행성들은 태양을 중심으로 파랗게 표시된 부분에 있고 그 바깥에는 수많은 얼음덩어리와 바윗덩어리가 공 모양으로 태양계를 둘러싸고 있다. 그보다 더 바깥에는 태양의 자기장이 투명 방패막이 되어 태양계를 둘러싸고 있다. 태양계는 우리가 상상하는 것보다 크다.

지구는 푸른 하늘이 있고 신선한 공기가 있고 푸른 들판이 있고 시원한 바다가 있는 '감옥'이다. 우리는 아무리 애를 써도 지구 대기권을 벗어날 수 없기 때문이다. 물론 몇 사람이 지구를 벗어나 본 적이 있지만 그들을 대기권 밖으로 보내느라 엄청난 돈을 쏟아 부었다는 점을 잊어서는 안 된다. 지구를 벗어나려면 일인당 200억 원이 넘는 돈이 필요하다. 돈이 있어도 한두 명은 우주로 보낼 수 있지만 수십, 수백 명을 동시에 보낼 수는 없다. 우주선이 부족하기 때문이다.

어찌해서 달로, 화성으로, 목성과 토성의 위성으로 갔다고 하더라도 태양계 밖으로 나가는 것은 또 다른 문제다. 태양계를 완전히 벗어나려면 빛의 속도로 거의 1년을 가야 하므로 우리로서는 도저히 태양계를 벗어날 수 없다. 그러니 태양계도 감옥이다. 너무 넓어서 탈출해야 할 필요를 느끼지 못하는 감옥이자 거대한 우물, 그렇다면 우리는 모두 개구리?

안녕!

반가워!

어 ?!

누가 안 봤겠지?

5. 도플러 효과

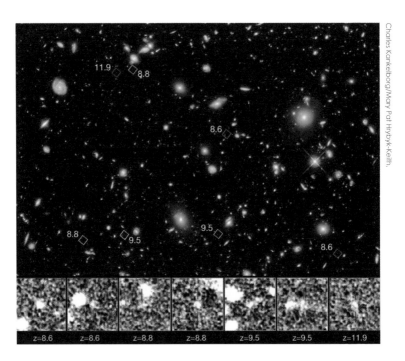

2012년 허블망원경이 찍은 울트라 딥 필드. 사진 속 작은 네모 칸 안에는 우리가 볼 수 있는 가장 먼 곳에 있는 은하들이 있다. 이 은하들은 하나같이 엄청난 속도로 지구에서 멀어지는 중이다. z값은 적색 편이를 나타내는 것으로 값이 클수록 빠르게 멀어진다는 뜻이다.

파장이 있는 것들은 마치 주름이 진 종이를 폈다 오므렸다 할 때처럼 파장의 주기가 길어졌다 짧아질 수 있다. 그래서 빛이나 소리는 늘어나기도 하고 줄어들기도 한다. 어떤 때 그런 일이 일어날까? 바로 광원이나 음원이 움직일 때다. 예를 들어 소리의 파장이 줄거나 느는 일은 기차나 소방차가 지나갈 때 체험할 수 있다. 소방차가 다가올 때는 사이렌 소리가 점점 커지고 소방차가 멀어질 때는 소리가 점점 작아진다. 빛의 경우 광원이 우리에게 다가올 때는 파장이 양쪽에서 눌리듯 짧아지고, 우리에게서 멀어질 때는 주름이 퍼지듯 파장이 늘어난다. 이것을 도플러 효과라고 한다. 무지개색을 놓고 볼 때 빛의 파장은 파란색 쪽으로 갈수록 짧고 빨간색 쪽으로 갈수록 길다. 그래서 광원이 우리에게 다가올 때 빛의 파장이 짧아지는 것을 '청색 편이'라 하고 광원이 멀어지며 파장이 늘어나는 것을 '적색 편이'라고 한다. 이것은 파랑과 빨강을 비교했을 때 파랑의 파장이 더 짧기 때문에 붙은 이름이지 진짜 빛이 파란색이 된다는 뜻은 아니다.

우주에는 엄청나게 많은 광원이 있다. 우리는 마음만 먹으면 별과 행성과 은하가 우리에게 다가오는지 또는 멀어지는지를 청색 편이와 적색 편이를 관측함으로써 알아낼 수 있다. 별과 은하는 마치 나 잡아 보라는 듯 멀어지기도 하고 나를 봐 달라는 듯 다가오기도 한다. 그리고 어떤 경우든 봐 주기를 원한다.

모두

어디어

모 여

있을까?

6. 암흑 물질

ESO/Digital Sky Survey 2

암흑 물질 후보인 왜소 은하의 모습. 가운데 모여 있는 작은 점들을 주목하기 바란다. 작다는 뜻의 왜소 은하는 규모가 너무 작고 구성하고 있는 별들이 어두워 눈에 잘 띄지 않는 은하를 말한다. 암흑 물질이란 우리가 볼 수 없기에 확인할 수 없는 물질을 이르는 말로, 왜소 은하가 그 후보 중 하나다.

보이는 것이 전부는 아니라는 말은 여러모로 옳지만, 쉽게 깨달을 수는 없다. 우물 안에서 하늘을 보고 있는 개구리가 저 하늘이 이 세상의 전부가 아니라는 것을 알기까지는 아주 오랜 시간이 걸린다. 인간역시 우리 눈에 보이는 것들이 이 세상을 이루고 있는 물질의 전부가아니라는 사실을 알아채기까지 매우 오랜 시간이 걸렸다.

과학자들은 우리은하 중심에 있는 별들이 생각보다 빨리 공전하는것을 알고 아주 깜짝 놀랐다. 저런 속도로 공전을 하면 별들이 은하 밖으로 튕겨 나가야 마땅한데도 별들은 아주 든든한 끈에 매달린 듯 안정적으로 공전했다. 도플러 효과를 이용해 별들의 공전 속도를 알아낸 과학자들은 무언가가 은하 중심에 있어야 한다는 결론을 얻었다.눈에 보이진 않지만 그 물질들이 만들어 내는 묵직한 중력이 든든한끈 역할을 해 저 별들을 팽팽 돌리고 있다는 것이다. 과학자들에 따르면 이렇게 우리가 볼 수 없는 암흑 물질은 우주에 마땅히 있어야 할물질의 25%를 차지하고 있다. 그렇다면 우리 눈에 보이는 별과 가스는? 겨우 5%다. 나머지 70%는 암흑 에너지가 차지하고 있다는데, 이역시 정체를 알 수 없다. 우리가 우주에 대해 아는 것은 겨우 5%! 그러니 보이는 것이 전부는 아니다. 우리는 이제 겨우 그 사실을 알았다.

지구상 최고의

仝!

7. 오로라

ESA/NASA

국제 우주 정거장에서 촬영한 오로라의 모습. 푸른색, 붉은색으로 일렁이는 빛의 커튼이 온 하늘에 드리우는 오로라는 태양과 지구와 원자들이 합작해 만들어 내는 거대한 공연이다. 인간이 참여하는 공연과 다른 점이 있다면 시작 시간을 알 수도 없고 언제가 클라이맥스일지 알 수 없으며 언제 끝나는지도 정확히 알 수 없다는 점이다. 물론 지구인들은 그동안 수집한 자료를 통해 이 장엄한 연극의 시작을 알려면 태양을 잘 관찰해야 한다는 것쯤은 안다.

겨울에는 낮에도 해가 떴는지 모를 정도로 어둑하고 여름에는 하루 종일 해가 지지 않아 잠을 청하기 힘든 곳, 1년 내내 추위가 떠나지 않는 곳, 극지방은 인기 있는 주거지가 아니다. 그러나 단 한 가지, 극지방이 아니면 절대 누릴 수 없는 복된 현상이 있으니 바로 오로라다! 태양이 고에너지 입자를 쏟아 내면 입자들은 빠른 속도로 날아 지구의 자기장에 도달한다. 지구는 커다란 자석이라 지구 주변에는 거대한 자기장이 형성되어 있는데, 태양에서 온 고에너지 입자는 그 자기장을 타고 지구의 북극과 남극으로 침투한다. 그리고 지구 대기를 만나는 순간 산소, 질소와 충돌해 원자핵과 전자를 분리시킨다. 원자핵과 분리된 전자는 곧 다른 원자핵을 만나 결합한다. 그 순간 잠시 가지고 있었던 에너지를 빛의 형태로 방출하는데, 우리가 오로라라고 부르는 바로 그 빛이다.

태양에서 날아온 고에너지 입자는 오로라를 만드는 기특한 일만 하는 것은 아니다. 이 입자들은 지구의 통신망을 망가뜨리고 정전 사태를 유발하며 새 등의 동물이 방향을 잃게 만들기도 한다. 극지방을 주기적으로 다니는 항공기 승무원들은 자신도 모르는 사이 계속 엑스레이를 찍는 것과 같은 환경에 놓여 있으며 우주 정거장에 머무는 우주인들의 경우는 고에너지 입자의 피폭을 피할 길이 없다. 크고 아름다운 오로라가 나타날수록 이와 같은 위험은 더욱 커진다. 그래도 오로라가 멋진 건 사실이다.

이지유의 이지 사이언스

02 우주: 블랙홀은 선을 넘지 않아

초판 1쇄 발행 • 2020년 3월 6일
초판 3쇄 발행 • 2021년 11월 22일

지은이 | 이지유
펴낸이 | 강일우
책임편집 | 이현선 김보은 김선아
조판 | 박지현
펴낸곳 | (주)창비
등록 | 1986년 8월 5일 제85호
주소 | 10881 경기도 파주시 회동길 184
전화 | 031-955-3333
팩시밀리 | 영업 031-955-3399 편집 031-955-3400
홈페이지 | www.changbi.com
전자우편 | ya@changbi.com

ⓒ 이지유 2020
ISBN 978-89-364-5918-5 44400
ISBN 978-89-364-5915-4 (세트)